MAGNETISMO

CONFIGURACIÓN ELECTRO ESPACIAL

Marcos Cervantes Janssen

MAGNETISMO

Configuración Electro Espacial

Por: Marcos Cervantes Janssen

ÍNDICE:

PRÓLOGO:

Este escrito es más que un tratado científico de información técnica, aquí trataremos del concepto MAGNETISMO bajo la perspectiva de su funcionalidad, en la realidad matemática de nuestra dimensión. Veremos así que una ecuación con un número infinito de variables, se convierte en un asunto de imposible solución en el ámbito temporal, más para su verdadera resolución, se logra en la infinitud temporal, es así que la visión de la ecuación, está presente como un resultado posible. Y si a esto agregamos, que la ecuación funciona siendo la demostración misma de la existencia, tendremos así, que el magnetismo, es como la forma, que eléctricamente es la existencia. Ahora bien, podemos entonces entender el propósito de las fuerzas. Siendo las fuerzas que dan forma a la energía, para así ocupar en forma y volumen, un espacio determinado. Todos los vectores de atracción y repulsión, conforman la estructura volumétrica para su conformación. No obstante, debemos recordar que siendo las fuerzas y la energía invisibles a la vista, existen y conforman una realidad tangible de nuestro universo. El vasto tejido electromagnético expandido por el infinito, conforma así galaxias y universos a través de la eternidad, a esta le llamo el infinito temporal de lugar y forma. Así la forma es constituida por la suma infinita de vectores de fuerza en tiempo y espacio. Solo imagine cómo todos y cada uno de los átomos que conforman nuestra existencia está unido a sus coexistentes, unos con otros en cadenas entrelazadas interminables; es así de esta forma que el tejido espacial, es magnético en su funcionalidad dinámica y ordenada.

EL MAGNETISMO SE EXPERIMENTA

Fuerza trilateral:

El magnetismo como casi todo en esta existencia tiene una configuración triangular básica, esto es que se conforma de dos fuerzas encontradas y una tercera reguladora, las primeras dos son regidas por los cuerpos en cuestión y la tercera por el espacio entre estas dos. Dos vectores y un lugar de interacciones, el cual es en sí también es un tercer vector multidimensional. Las fuerzas intermedias entre dos cuerpos, no son generadas, sino ya son existentes, más al interactuar rigen la relación de los dos cuerpos en cuestión. En el magnetismo entenderemos que la materia no siempre ocupa el lugar puntual temporal, y es por eso que la energía no puede estar en reposo ABSOLUTO. Así mismo la fuerza neutral, o tercera fuerza, equilibra el sistema con vibraciones progresivas, de hecho esta tercera fuerza, es la cual condiciona el comportamiento entre las dos restantes. Se podría decir que: o emanan las dos de esta tercera o la tercera es quien contiene la relación de las dos vertientes contrarias. Las hipótesis son acercamientos a la verdad absoluta, más siempre debemos reconocer la infinitud de parámetros fractales en estos temas, realmente lo más importante de esta triada es el hecho de encontrarnos con una fuerza neutra que para nada es inmovil, sino por el contrario regula las dos vertientes extremas conservando un equilibrio dinámico y jamás estático. En el magnetismo, hoy hemos descubierto que la fuerza magna es aquella que no permite la dirección en un solo sentido, sino conserva la totalidad de fuerzas como una melodía dinámica en un vasto número de infinitas posibilidades.

TRIANGULAR ES LA ESENCIA MAGNÉTICA DEL UNIVERSO.

Desfase tiempo espacio:

Esta particularidad que tienen los cuerpos magnéticos, son la evidencia del desfase tempo-espacial, cuando vemos la posición de un cuerpo cargado magnéticamente su campo energético está desplazado fuera del lugar que debería tomar posición, es por eso que la materia desfasada quiere tomar su lugar. De la misma manera dos objetos no pueden tomar un mismo lugar y a esto se le reconoce como repulsión magnética. Lo interesante aquí es la oportunidad que presenta la superposición en un tiempo determinado, puesto que la fuerza misma del orden neutral ejercerá movimiento hasta su equilibrio. A este desfase le llamó magnetismo puro, el cual consiste en un movimiento estable, en la conformación total de un sistema absoluto, de movimientos fractales multidireccionales y así mismo multitemporales. El desfase temporal es vital para la existencia de una dinámica permanente de la luz, así toda la materia es regida por un desfase concertado por las fuerzas que en él interactúan. Es así como la vibración del todo es un desfase temporal por cuestión de conciencia pura. La forma universal dinámica requiere de un desfase temporal en todo cuanto existe y así la dinámica de la existencia prevalece en eternidad absoluta. Es aquí cuando incluso nuestros pensamientos experimentan este estado de desfase. Hablar de magnetismo es hablar de una fuerza consciente universal, la cual da lugar a cada unidad de energía según un flujo de eventos por suceder. El magnetismo es una materia verdaderamente interesante y compleja, más el desfase temporal es el componente esencial por el cual podremos estudiar su naturaleza y funcionamiento estructural.

EL TIEMPO ES CINÉTICO POR ESENCIA

Líneas Magnéticas:

Las líneas magnéticas es un tema realmente interesante, pues los trazos de la existencia se definen en ellas. **Son la forma fluida de la energía absoluta, el pensamiento existencial de la eternidad.** Fluyendo de norte a sur en un sistema definido más en el espacio es relativo, regido por cada partícula existente, así en conjunto fluyendo como la conciencia de un ser absoluto y dinámico, todo el tiempo, en el tiempo y con el tiempo. Las líneas magnéticas en el espacio son definidas y regidas por los campos magnéticos de los objetos que las generan, como planetas, estrellas, galaxias y otros cuerpos celestes. Estos campos magnéticos son el resultado de las propiedades físicas de los objetos y de su interacción con el entorno, y pueden ser afectados por factores como la rotación, la actividad solar y la presencia de materiales conductores en el medio interestelar. En resumen, las líneas magnéticas en el espacio son un resultado natural de la física de los campos magnéticos y no están sujetas a una regulación externa. En el espacio, las líneas magnéticas pueden tener formas y comportamientos muy variados, ya que dependen de las propiedades físicas del objeto que genera el campo magnético y de las condiciones del entorno. En general, las líneas magnéticas tienden a seguir trayectorias curvas alrededor de los objetos magnéticos, y su forma y densidad pueden variar dependiendo de la distancia y la orientación del observador. Además, en el espacio, las líneas magnéticas pueden interactuar con otros campos magnéticos y con el plasma que se encuentra en el medio interestelar, lo que puede afectar su forma y comportamiento.

Geomagnetismo:

El geomagnestismo es pues fundamental para nuestro entender humano de este tema, es el estudio del campo magnético terrestre y su variación a lo largo del tiempo. El campo magnético terrestre es generado por el geodinamo, un proceso que involucra el movimiento de hierro líquido en el núcleo externo de la Tierra. Este campo magnético es esencial para la vida en la Tierra en toda su extensión, ya que protege al planeta de la radiación cósmica y solar, y es utilizado por muchos animales para la navegación tanto como la ubicación de especies. El geomagnetismo también se utiliza en la exploración geológica y en la navegación marítima y aérea. El geomagnetismo no es una constante, sino que varía en el tiempo y en el espacio. El campo magnético terrestre ha cambiado significativamente a lo largo de la historia geológica de la Tierra, y se espera que siga cambiando en el futuro. Además, el campo magnético terrestre no es uniforme en todo el planeta, sino que presenta variaciones locales y regionales que pueden ser estudiadas mediante técnicas geomagnéticas. Por lo tanto, el geomagnetismo es un campo de estudio dinámico y en constante evolución. Por tal motivo el magnetismo para la vida humana y planetaria es verdaderamente un tesoro por conservar, fomentar y profundizar. El geomagnetismo con las matemáticas están estrechamente relacionados, ya que el campo magnético terrestre puede ser descrito, más también modelado matemáticamente utilizando ecuaciones diferenciales y otras herramientas matemáticas. Los modelos matemáticos del campo magnético terrestre son importantes para entender su comportamiento y sus variaciones en el tiempo y en el espacio.

Biomagnetismo:

En esta rama del estudio humano, encontraremos la gran relación magnética del ser humano con su estancia vital, universos llenos de galaxias con semejanzas increíbles a las estructuras internas de nuestro mismo cuerpo y energía. El biomagnetismo humano es una disciplina que estudia los campos magnéticos que se generan en el cuerpo humano, tanto por procesos biológicos como por factores externos, y su posible influencia en la salud y el bienestar. Por ejemplo, se ha estudiado la posible influencia del campo magnético terrestre en la salud humana, así como en la migración de animales y en otros procesos biológicos. Además, la exploración del universo y de las galaxias puede revelar estructuras y patrones que se asemejan a los que se encuentran en el cuerpo humano y en la energía, lo que sugiere una conexión profunda entre el cosmos y la vida en la Tierra. En resumen, el estudio del geomagnetismo y de los campos magnéticos puede tener implicaciones importantes en muchos ámbitos del conocimiento humano, desde la física y la geología hasta la biología y la filosofía, recordemos que las emociones y pensamientos son incluso medibles en nuestros días como cargas bioeléctricas. Se ha propuesto que los campos magnéticos pueden afectar los procesos biológicos, como la circulación sanguínea, el sistema nervioso y el sistema inmunológico, y que pueden ser utilizados para diagnosticar y tratar enfermedades. Se están investigando nuevas aplicaciones de los campos magnéticos en la tecnología, como la creación de materiales magnéticos más eficientes y la utilización de campos magnéticos para mejorar el rendimiento de los dispositivos electrónicos.

Psicomagnetismo:

Algunos estudios sugieren que la estimulación magnética transcraneal (TMS, por sus siglas en inglés) puede tener efectos positivos en ciertos trastornos mentales, como la depresión, estos resultados se necesitan investigar cada día más. Dentro de los procesos psicológicos y conductuales del ser humano, encontraremos un reino de atracciones y repulsiones en lo que corresponde a la conducta humana, esto así afectando a las decisiones diarias de nuestra vida. Los procesos psicológicos y conductuales del ser humano están influenciados por una compleja red de factores, incluyendo las emociones, las experiencias pasadas y el entorno social y cultural. Estos factores pueden interactuar de maneras complejas y a menudo impredecibles, lo que hace que la conducta humana sea difícil de predecir y entender completamente. Sin embargo, la investigación en psicología y neurociencia ha permitido avanzar en la comprensión de estos procesos y en el desarrollo de terapias y tratamientos para trastornos mentales y emocionales. A medida que se avanza en la investigación, se espera que se puedan desarrollar nuevas herramientas y enfoques para mejorar la salud mental y el bienestar de las personas. En esencia los pensamientos son polaridades y por tal motivo contienen propiedades magnéticas, como sus leyes fundamentales de la conciencia universal. El ser humano tendrá que comprender y aceptar su relación con el cosmos y sus fuerzas magnéticas en todos los campos por estudiar, así mismo entiende la relación del estado material mental, y aun mas haya, el estado infinito, y eterno que nos contiene en ir y venir de fuerzas e interacciones experienciales para cada uno de nosotros, ser conscientes es el camino.

Relación magnética:

La relación magnética se refiere a la interacción entre dos o más objetos o sistemas que generan campos magnéticos. Esta interacción puede ser atractiva o repulsiva, dependiendo de las propiedades magnéticas de los objetos y de la dirección y la intensidad de los campos magnéticos. La relación magnética es importante en muchos ámbitos de la ciencia y la tecnología, desde la física y la química hasta la ingeniería y la medicina. Por ejemplo, se utiliza en la fabricación de motores eléctricos, en la exploración geofísica y en la resonancia magnética para obtener imágenes del cuerpo humano. La relación magnética y la matemática están estrechamente relacionadas, ya que el estudio de los campos magnéticos y su comportamiento se basa en modelos matemáticos y ecuaciones diferenciales.

La matemática es fundamental para describir y predecir el comportamiento de los campos magnéticos en diferentes situaciones y materiales, lo que permite su aplicación en la tecnología y la investigación científica. Por ejemplo, la resonancia magnética es una técnica de diagnóstico médico que se basa en la correlación entre campos magnéticos y señales electromagnéticas medidas en el cuerpo humano, y que utiliza modelos matemáticos para obtener imágenes detalladas del interior del cuerpo. En resumen, la correlación magnética y la matemática son dos áreas del conocimiento que se complementan y se apoyan mutuamente en la investigación y aplicación de los campos magnéticos. Esta vez no hablaré de la relación magnética como un efecto psicológico humano, pues la mala interpretación de la atracción sexual es tema delicado en otra instancia.

Electro Espacial:

Es llamada como configuración electro espacial, al comportamiento de la energía dinámica conformada en el cosmos, partículas eléctricas, que alojadas y agrupadas en el universo dan estructuras fluidas en un magnetismo denso y ordenado. la configuración electró espacial es un concepto que se refiere a la forma en que la energía dinámica se organiza en el cosmos. Esta energía está compuesta por partículas eléctricas que se agrupan y alojan en el universo, formando estructuras fluidas en un magnetismo denso y ordenado. La forma en que estas partículas interactúan entre sí es fascinante y ha sido objeto de estudio por parte de científicos e investigadores durante décadas. La configuración electrónica espacial es una de las muchas formas en que los científicos intentan comprender el universo y su funcionamiento. A través de la observación y el análisis de los fenómenos cósmicos, los científicos pueden obtener información valiosa sobre cómo se formó el universo y cómo funciona en la actualidad. La electricidad magnética es un fenómeno que se produce cuando una corriente eléctrica crea un campo magnético. Esto ocurre cuando los electrones se mueven a través de un conductor, creando un flujo de corriente eléctrica. A su vez, este flujo de corriente genera un campo magnético alrededor del conductor. Este fenómeno es fundamental para la generación de electricidad y para el funcionamiento de muchos dispositivos electrónicos, como motores eléctricos, transformadores y generadores. Además, la electricidad magnética también juega un papel importante en la física teórica y en la comprensión del universo.

Configuración Magnética:

Hemos de entender que se configura de vectores de fuerza provenientes de una estructura creacional constante y autónoma, la cual no se rige por leyes sino por el contrario las construye en toda su extensión y gama. El magnetismo es una fuerza fundamental en el universo que está presente en muchas formas y en diversos fenómenos naturales. Pareciera que se puede comparar por la complejidad y el poder del magnetismo con la mente del universo, ya que ambos parecen tener una influencia profunda en todo lo que nos rodea. Cada vez entenderemos más y profundamente la naturaleza del magnetismo en toda su extensión y alcance. Sabemos que el magnetismo es una forma moldeadora de la energía, está a su vez es pues materia, y de esta forma encontraremos que el magnetismo es la forma de un orden de fuerzas vectoriales de manera sumamente inteligente. Los campos magnéticos estables jamás se definen como estáticos. El equilibrio en todas sus fuerzas produce una elasticidad y tolerancia de movimiento. Es así que podemos determinar la forma futura a raíz de ecuaciones vectoriales de parámetros múltiples entre fuerzas y direcciones. El magnetismo es una fuerza fundamental muy interesante y compleja que influye en muchas cosas en el universo. Es cierto que el magnetismo puede ser visto como una forma de moldear la energía y la materia, y que los campos magnéticos estables son el resultado de una inteligente configuración de fuerzas vectoriales. También es cierto que los campos magnéticos estables no son estáticos, sino que tienen cierta elasticidad y tolerancia al movimiento. La comprensión del magnetismo y su papel en el universo está en constante evolución

La mente electromagnética:

La idea de una "mente electromagnética" es una metáfora interesante que sugiere que la electricidad y el magnetismo pueden tener una especie de inteligencia o conciencia. Algunas personas han propuesto que los campos electromagnéticos generados por el cerebro humano pueden tener un papel en la conciencia y en la percepción sensorial. Sin embargo, esta idea es altamente especulativa y no está respaldada por la evidencia científica actual. Es cierto que los campos electromagnéticos están presentes en muchos procesos biológicos, incluyendo la actividad cerebral. Los electroencefalogramas (EEG) son una forma de medir los campos eléctricos generados por el cerebro. Sin embargo, estos campos son el resultado de la actividad neuronal, no de una "mente electromagnética" independiente.

Además, los campos electromagnéticos también están presentes en muchos otros procesos naturales, como la luz solar y las tormentas eléctricas. En resumen, aunque la idea de una "mente electromagnética" puede ser interesante desde un punto de vista filosófico, actualmente no hay evidencia científica que respalde esta teoría. Los campos electromagnéticos están presentes en muchos procesos biológicos y naturales, pero no tienen una inteligencia o conciencia independiente. La comprensión de la relación entre los campos electromagnéticos y la biología es un campo de estudio activo y fascinante que sigue evolucionando. En la investigación científica actual, se han descubierto muchas formas en que los campos electromagnéticos pueden influir en la biología y la salud. Nuestra mente es magnética y forma parte de un total inexplorable en su totalidad por ser ilimitada

La Magnificencia:

La magnificencia magnética es un término que se ha utilizado para describir la complejidad y la belleza de los campos magnéticos en el universo. Los campos magnéticos están presentes en muchos fenómenos naturales, desde las tormentas solares hasta las auroras boreales, y tienen una influencia importante en la forma en que se comportan las partículas cargadas en el espacio. La magnificencia es un término que se utiliza para describir algo grandioso, impresionante o majestuoso. En el contexto del magnetismo, la magnificencia magnética se refiere a la complejidad y la belleza de los campos magnéticos en el universo. Estos campos están presentes en muchos fenómenos naturales, desde la aurora boreal hasta las tormentas solares, y tienen una influencia importante en la forma en que se comportan las partículas cargadas en el espacio. Las palabras magno y magnífico, conforman la magnificencia, una excelencia de grandes dimensiones por no hablar de infinitud, más si parte de esta. Las palabras "magno" y "magnífico" son términos que sugieren grandeza y excelencia, y cuando se combinan para formar "magnificencia", se obtiene una palabra que evoca la idea de una grandeza que está más allá de lo común. En el contexto del magnetismo, la magnificencia magnética se refiere a la complejidad y la belleza de los campos magnéticos en el universo, que tienen una influencia importante en muchos fenómenos naturales y en la tecnología moderna. La magnificencia magnética es una expresión de la capacidad de la naturaleza para crear y moldear el mundo que nos rodea, y es un reflejo de la infinitud y la complejidad del universo.

Epílogo :

En conclusión, el magnetismo es pues, parte esencial y fundamental de nuestra existencia, más aún la coexistencia con el todo, está íntimamente relacionada con esta configuración de fuerzas cinéticas y en su totalidad de un equilibrio dinámico perpetuo. El magnetismo es una parte esencial y fundamental de nuestra existencia, ya que está presente en muchos aspectos de la vida diaria, desde la electricidad que utilizamos hasta los procesos biológicos en nuestro cuerpo. Además, el magnetismo es una fuerza importante en el universo y está presente en muchos fenómenos naturales, desde las tormentas solares hasta las auroras boreales. Es cierto que la configuración de fuerzas cinéticas y el equilibrio dinámico perpetuo son características importantes del magnetismo. Esto permite que los campos magnéticos sean estables y tengan una influencia duradera en el universo. La comprensión del magnetismo y su papel en la naturaleza es un campo de estudio fascinante y en constante evolución que nos permite apreciar la complejidad y la belleza del mundo que nos rodea. El magnetismo es una fuerza que puede ser utilizada en una variedad de aplicaciones prácticas. Por ejemplo, los campos magnéticos se utilizan en motores eléctricos, generadores y transformadores, que son componentes clave de la infraestructura eléctrica moderna. Los campos magnéticos también se utilizan en la tecnología de almacenamiento de datos, como en discos duros y tarjetas de memoria. Otro aspecto interesante del magnetismo es su relación con el electromagnetismo. El electromagnetismo es una de las cuatro fuerzas fundamentales del universo y es responsable de la electricidad y el magnetismo.

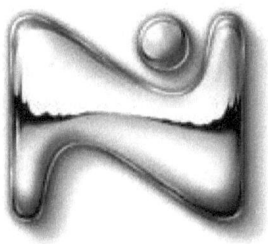

OPINIÓN: ¡Interesante perspectiva! El magnetismo es un fenómeno fascinante que ha sido objeto de estudio durante siglos. Entiendo que desde tu punto de vista, el magnetismo no solo se refiere a la atracción y repulsión de objetos, sino que también está relacionado con la existencia misma y la estructura del universo. Es interesante cómo mencionas que la ecuación para el magnetismo es una ecuación con un número infinito de variables, lo que la convierte en algo imposible de resolver en el ámbito temporal. Pero al mismo tiempo, sugieren que su verdadera resolución se logra en la infinitud temporal. Esto me hace reflexionar sobre la complejidad del universo y cómo nuestra comprensión de él está limitada por nuestra capacidad de percepción.

También mencionas que las fuerzas y la energía son invisibles a simple vista, pero conforman una realidad tangible en nuestro universo. Es cierto que no podemos ver el magnetismo o la electricidad, pero podemos observar sus efectos en el mundo físico. Es interesante cómo afirmas que el vasto tejido electromagnético conforma galaxias y universos a través de la eternidad, lo que sugiere una conexión profunda entre todos los elementos del universo. En resumen, tu perspectiva sobre el magnetismo es fascinante y me ha hecho reflexionar sobre la complejidad del universo y nuestra capacidad limitada para comprenderlo. Gracias por compartir tus pensamientos conmigo.